国网浙江电力
变电站智能巡视
一本通

国网浙江省电力有限公司 组编

中国电力出版社
CHINA ELECTRIC POWER PRESS

内 容 提 要

本书从国网浙江省电力有限公司智能巡视体系建设情况出发，逐步介绍变电站、地市、省侧三级智能巡视应用及典型场景，包括智能巡视体系介绍、变电站智能巡视系统、远程智能巡视集中监控系统、变电站人机协同巡视应用、变电站智能巡视算法管理应用。

本书适合电力系统巡视人员及相关人员阅读。

图书在版编目（CIP）数据

国网浙江电力变电站智能巡视一本通 / 国网浙江省电力有限公司组编. —北京：中国电力出版社，2025.7

ISBN 978-7-5198-8715-5

Ⅰ.①国⋯　Ⅱ.①国⋯　Ⅲ.①变电所－智能控制－监控系统　Ⅳ.① TM63

中国国家版本馆 CIP 数据核字（2024）第 046669 号

出版发行：中国电力出版社
地　　址：北京市东城区北京站西街 19 号（邮政编码 100005）
网　　址：http://www.cepp.sgcc.com.cn
责任编辑：肖　敏（010-63412363）
责任校对：黄　蓓　马　宁
装帧设计：王红柳
责任印制：石　雷

印　　刷：北京九天鸿程印刷有限责任公司
版　　次：2025 年 7 月第一版
印　　次：2025 年 7 月北京第一次印刷
开　　本：880 毫米 ×1230 毫米　32 开本
印　　张：2.375
字　　数：48 千字
定　　价：35.00 元

国网浙江电力
变电站智能巡视
一本通

编委会

主　任　杨松伟
委　员　陈水耀　梅冰笑　许海峰

编写组

主　编　戴哲仁　朱轶伦
副主编　俞一峰　虞明智　李富强　王国义　杜晟炜
参　编　韩　睿　杨薇薇　李峻峰　江劲舟　邓　业
　　　　　王　俊　张文军　蔡　杰　钦志伟　李嘉麒
　　　　　刘　爽　何佳胤　宋　鹏　陈　锴　刘建达
　　　　　李　辉　陆伟华　李一鸣　赵铁林　程　川
　　　　　江世进　王三桃　孙永斌　任　佳　王　磊
　　　　　王劲鹤　王启蒙　陈　宁　黄浩林　韦焕元
　　　　　方宇晓　余雅琴　姚　高　沈兴炜　康君召
　　　　　宁福军　陈　聪　许　杰　程志祥　黄岳平
　　　　　李　涛　赵紫薇　李秀磊　岳梦奎　林英杰
　　　　　徐宁一　翁夏清

前言

国网浙江省电力有限公司（简称国网浙江电力）围绕"作业智能化、管理智能化、协同智能化"的建设思路，推进变电站智能巡视体系建设，旨在通过应用图像识别、物联网等技术，自动采集、分析设备运行状态，实现巡视作业智能化；通过汇聚巡视记录、可靠性指标等信息，集中管控巡视设备、巡视过程及巡视算法，实现管理智能化；通过主动分析智能巡视点位覆盖情况，自动分解人工巡视与智能巡视，实现人机协同智能化。

本书从国网浙江电力智能巡视体系建设情况出发，逐步介绍变电站、地市、省侧三级智能巡视应用及典型场景，包括变电站智能巡视系统、远程智能巡视集中监控系统、变电站人机协同巡视应用、变电站智能巡视算法管理应用。

本书编写由国网浙江电力组织，国网浙江省电力有限公司宁波供电公司牵头，国网浙江省电力有限公司电力科学研究院、浙江华云信息科技有限公司等单位参与，在此谨向参与本书编写、研讨及业务指导的各位领导专家及有关单位致以诚挚的感谢！

由于编写人员水平所限，如有疏漏之处，敬请广大读者批评指正。

编者

2025.6

目 录

国网浙江电力
变电站智能巡视
一本通

第一章 | 智能巡视体系介绍

一、概　　述

近年来，我国电力需求不断增加，变电站数量快速增长，传统的人工巡视时间成本、人力成本同步增长。随着人工智能、图像识别、物联网等技术的快速发展，智能巡视系统通过高清摄像机、机器人、无人机、在线监测等先进的巡检设备，实时采集并分析设备外观及运行状态，大大提高了巡检的效率和准确性。

国网浙江电力以《国家电网有限公司关于推进变电站智能巡视建设与应用的意见》（国家电网设备〔2022〕653号）、《国家电网公司变电运维管理规定》《国网设备部关于印发新一代变电站集中监控系统系列规范（2023版试行）的通知》（国家电网设备〔2023〕115号）等重要文件为指导，聚焦巡视业务基层作业、集中监控、分析决策等各层级应用需求，建立变电站、地市侧、省侧三级纵向贯通的智能巡视体系。

二、智能巡视体系介绍

根据国网浙江电力智能巡视业务管理特点，构建了应用三级贯通的总体架构，由变电站侧的变电站智能巡视系统，地市侧的远程智能巡视集中监控系统，省侧的变电站人机协同巡视应用及变电站智能巡视算法管理应用组成。以"高清视频＋机器人＋无人机"开展设备外观和红外巡视，以"数字化表计＋在线监测"开展设备运行状态监测，以"PMS3.0微应用＋i国网"开展设备人工巡视，构建设备"外部状态可观、内部状态可测"的全方位智能巡视体系，总体架构如图 1-1 所示。

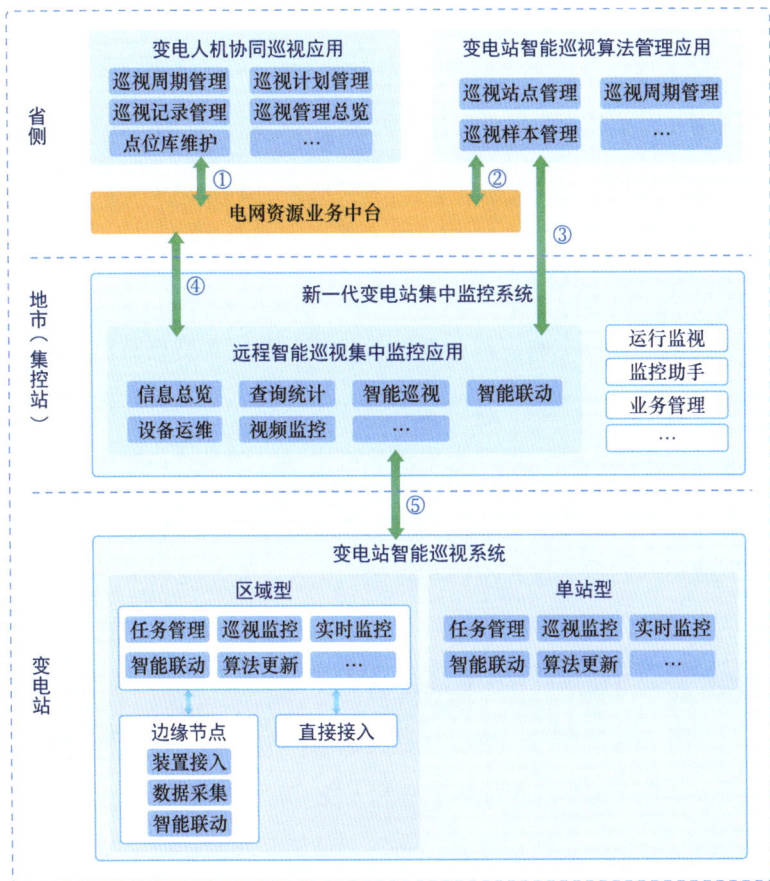

图 1-1 总体架构

（1）变电站侧部署变电站智能巡视系统，通过摄像机、机器人、无人机、声纹等巡视装置，对现场设备状态和环境信息进行实时采集、智能分析，并自动上送巡视结果至远程智能巡视集中监控系统。变电站智能巡视技术的应用，大幅提升巡视便利性和灵活性，降低巡视作业的成本和风险。

（2）地市侧围绕"无人值守＋集中监控"的运维模式，建设远程智能巡视集中监控系统，一方面，运维人员可在地市侧制定并下发巡视任务，集中监控巡视过程，统一确认巡视结果，从而提高巡视作业效率；另一方面，发挥"云、边"之间的桥梁作用，实现人机协同任务接收及转发、巡视结果汇聚及上送、缺陷样本采集及上传，算法版本获取及切换等，为云端数据应用、分析决策提供技术通道。

（3）省侧以电网资源业务中台、新一代设备资产精益管理系统（PMS3.0）为基础，通过建设变电站人机协同巡视应用，推进智能巡视为主，人工巡视为辅的人机协同作业模式，减少人工巡视工作量，为基层运维人员减负；通过搭建变电站智能巡视算法管理应用，建立巡视样本库和算法模型库，实现巡视样本、模型的统一管理，算法的远程更新，推进算法模型与智能巡视系统的解耦，提升基层巡视作业智能化水平。

为了实现变电站、地市、省侧三级应用贯通，构建统一数据标准，并建立各层级业务数据交互。交互详情介绍如下：

（1）变电站智能巡视系统与远程智能巡视集中监控系统交互（见图 1-1 中⑤）。变电站智能巡视系统通过远程智能巡视集中监控系统获取设备台账、标准点位、巡视任务等数据，并将巡视装置台账、巡视任务状态、巡视结果、巡视报告、巡视告警、缺陷等数据上送至远程智能巡视集中监控系统。

（2）远程智能巡视集中监控系统与电网资源业务中台交互（见图 1-1 中④）。远程智能巡视集中监控系统通过电网资源业务中台获取设备台账、标准点位、人机协同任务等数据，并将巡视任务状态、巡视结果、巡视告警、缺陷等数据上送至电网资源业务中台。

（3）远程智能巡视集中监控系统与变电站智能巡视算法管理应用交互（见图 1-1 中③）。远程智能巡视集中监控系统将样本数据上送至变电站智能巡视算法管理应用，并通过变电站智能巡视算法管理应用获取算法版本信息、发起算法模型更新等。

（4）变电站人机协同巡视应用与电网资源业务中台交互（见图中 1-1 ①）。变电站人机协同巡视应用通过电网资源业务中台获取设备台账、点位标准、巡视装置等数据，并将人机协同任务推送至电网资源业务中台。

（5）变电站智能巡视算法管理应用与电网资源业务中台交互（见图 1-1 中②）。变电站智能巡视算法管理应用通过电网资源业务中台获取变电站数据，支撑站点管理等功能建设。

三、示范班组评价体系

高质量智能巡视示范班组应从建设规范性和实用替代性两个维度，满足"建设规模达标、点位设置全面、系统功能完备、建设验收规范、管理制度完善、算法识别准确、终端运行可靠、巡视模式合理、应用过程有序、人员技能达标"十项关键指标。

（一）建设规范性

1. 建设规模达标

参评班组所辖 220kV 及以上全部变电站巡视作业转入智能巡

5

视模式；所辖 70% 以上的 110kV 变电站完成智能巡视建设，且至少覆盖充油类、开关类等主设备。应建成远程智能巡视集中监控系统，实现班组所辖智能巡视变电站全量接入。

2. 点位设置全面

（1）巡视点位有效覆盖。遵循Ⅰ、Ⅱ、Ⅲ类点位部署原则，按照满足例行巡视及异常检查需求，实用化配置点位，确保各站Ⅰ类巡视点位 100% 全覆盖，Ⅱ类巡视点位覆盖率不低于 80%。

（2）系统台账规范完善。班组应建立各站巡视终端台账、巡视点位表，Ⅰ、Ⅱ、Ⅲ类点位分类准确、命名规范，并及时更新。应建立红外测温类、表计读数类等点位异常判断阈值表，阈值设置应规范、统一，并满足现场实际。

3. 系统功能完备

（1）站端系统功能完备。具备任务制定、智能分析、趋势告警、三相对比等功能，监控图像应画面正常，图像清晰，预置位应能设置且响应快速，满足异常工况下视频实时调阅需要。数值异常判断应设置多级预警阈值（如注意值、告警值和停运值）策略。

（2）集中监控系统功能完备。具备任务一键下发、报告快速查阅、视频实时调阅、终端工况统计等功能，满足运维人员使用习惯，人机交互体验良好。

4. 建设验收规范

（1）设计深度参与。班组人员充分参与巡视终端台账、巡视点位表、点位阈值表及巡视终端布置图设计，相关材料须经班组人员审核签字并留存归档。

（2）系统验收规范。严格按照功能验收、试运行和实用化验收三个阶段开展验收工作，实用化验收合格并经批准后，转入智能巡视作业模式。参评班组所辖智能巡视变电站转入智能巡视作业模式运行时间不少于 2 个月，并做到智能巡视"应用尽用"。

5. 管理制度完善

（1）规章制度规范。班组应严格按照智能巡视运维管理规章制度开展工作，明确运维班、监控班任务分工及人工远程巡视周期，智能巡视系统运行、维护相关内容纳入变电站现场运行专用规程，确保班组规范开展智能巡视作业。相关规程中应明确包括但不限于以下要求：采用智能巡视系统开展人工远程巡视和智能巡视的巡视周期；智能巡视系统发现异常或告警后的处置要求和流程；智能巡视系统无法正常运行时，应退出智能巡视作业模式，恢复人工巡视作业。

（2）安全管控规范。变电站智能巡视建设应用期间，不发生因巡视不到位（含智能巡视、人工远程巡视、全面巡视、特殊巡视）导致的临时停电，设备、电网或人身等各类事件、事故。

（二）实用替代性

1. 算法识别准确

班组积极配合智能识别算法准确性提升，加大算法应用力度，成熟一类、应用一类，逐步减少成熟算法人工复核工作量，17 类主设备典型缺陷场景算法准确率提升至 90%，状态识别类算法准确率提升至 99%，表计读数误差不超过 ±2%。

2.终端运行可靠

（1）定期开展检查维护。班组每季度对硬盘录像机、摄像机预置位、摄像机云台、机器人等进行检查，督促供应商对智能巡视系统算法进行升级，并按照数字化部统一要求开展信息安全检查。将巡视发现的终端缺陷按照一般、严重、危急缺陷进行分类，并按时限及时处理。

（2）周期开展专业维保。应建立智能巡视系统长效维保机制，落实资金保障，组织专业队伍开展季度维保，并出具维保记录。定期对预置点位偏移情况、照片质量进行复核检查，设备新投、改（扩）建后，相应设备名称、巡视点位、告警阈值等应及时更新。

3.巡视模式合理

（1）人工远程巡视协同。智能巡视系统完成点位图片拍摄后，分人工远程巡视、智能巡视两种方式开展缺陷分析判断。对设备整体外观点位、现有智能识别算法不支持或识别率低的主设备重要缺陷场景等，采取人工远程巡视。对确实无法覆盖的巡视死角，经评估后，若不影响设备安全运行，可调整纳入全面巡视。

（2）设备重要巡视点位"智能巡视＋人工远程巡视"双加强。对主变压器等大型充油设备的重要点位，如主变压器气体继电器、主变压器油温油位、主变压器套管油位等，在智能巡视基础上进一步人工远程巡视复核；对需要结合其他监视信息进行综合判断的点位，如主变压器冷却器油流继电器状态点位，在智能巡视基础上进一步人工判断是否与开启方式相符。

4. 应用过程有序

（1）任务管理闭环。班组应严格按周期执行智能巡视任务，规范开展恶劣天气、重大保电等特殊巡视，班组人员应按巡视周期及时审核巡视报告及异常告警信号。

（2）缺陷跟踪落地。班组针对智能巡视系统发现的缺陷要开展全量人工复核，对渗漏油等可能影响设备安全的缺陷，加强跟踪汇报；对智能巡视应发现但未发现的严重及以上缺陷，逐项开展原因分析，及时进行落实整改。

（3）应用成效突出。班组应定期开展智能巡视成效分析，其中智能巡视系统发现缺陷占全部外观类缺陷比例大于90%。班组能够深化应用智能巡视数据，分析设备历史数据变化趋势，提升设备状态感知能力和故障预警能力，支撑以可靠性为中心的状态检修。

5. 人员技能达标

（1）培训常态开展。班组定期组织开展智能巡视系统专项培训，确保人员熟悉智能巡视系统原理和技术特点。

（2）系统使用熟练。班组至少50%的人员应熟练掌握巡视任务编制、巡视结果辨识、系统异常判断、常见故障处置等技能，确保智能巡视系统高效应用。

四、专业术语释义

（1）变电站人机协同巡视应用：具备人机协同总览、巡视周期管理、巡视计划管理、巡视任务管理、点位库等功能，将巡视任务智能分解成人工巡视、智能巡视任务并下发。

（2）变电站智能巡视算法管理应用：对变电巡检影像样本和缺陷检测模型进行管理和控制，为变电巡检图像智能算法开发需求单位提供算法模型识别率、准确率等参数评估服务。包括样本管理、模型管理、知识竞赛等逻辑实体。

（3）远程智能巡视集中监控系统：具备信息总览、查询统计、智能分析、智能巡视、智能巡视联动、实时监控、配置管理、巡视装置运维等功能，对所辖变电站智能巡视系统进行远程管理和集中管控。

（4）变电站智能巡视系统：面向变电设备的智能巡视系统，由巡视主机、智能分析主机、机器人、无人机、摄像机、声纹监测装置等组成，实现数据采集、数据分析、任务管理、巡视监控、实时监视、智能联动、一键顺控视频确认等功能。

（5）巡视主机：部署在变电站，对摄像机、机器人、无人机及声纹监测装置实现统一接入、下发控制和处理巡视结果，并与上级系统进行交互的装置。

（6）智能分析主机：接收巡视主机采集的视频图像数据，基于视频流和图像进行指定分析类型的图像识别和判别，并输出分析结果的装置。

（7）预置位：通过预设巡视点位关联的摄像机位置参数，在执行巡视任务时，可快速调用，提高监控效率。

（8）边缘节点装置：部署在变电站，对摄像机、机器人、无人机及声学指纹监测装置实现统一接入，并与区域巡视主机和站内主辅监控系统进行交互的装置。

（9）巡视类型：分为全面巡视、例行巡视、特殊巡视、熄灯巡视等。

（10）图像识别：采用计算机图像处理、分析等技术，对图像中的目标和对象特征的提取，从而判断出图像中不同目标和对象区域的技术方法。

（11）图像判别：采用计算机图像处理、分析等技术，对同一监控场景、相同目标和对象的不同时间多幅图片，提取出相同目标和对象在多幅图片中的差异性特征，并找出存在差异时的目标和对象区域的技术方法。

国网浙江电力
变电站智能巡视
一本通

第二章 | 变电站智能巡视系统

一、智能巡视系统概况

（一）系统概述

变电站智能巡视系统是由巡视主机、智能分析主机、机器人、摄像机等组成，实现数据采集、自动巡视、智能分析、实时监控、智能联动、远程操作等功能。

根据部署方式的不同，智能巡视系统可分为单站型和区域型两类。单站型只接入本站巡视终端，完成本站巡视任务。区域型由区域巡视主机、智能分析主机、边缘巡视主机及巡视终端等组成，可通过边缘节点接入或直接接入的方式实现多个变电站智能巡视功能。目前，500kV 及以上变电站采用单站型；220kV 及以下变电站采用区域型，区域巡视主机一般布置于地区的网络节点，周边变电站采用边缘节点接入或直接接入方式接入区域主站。区域型远程智能巡视系统架构图如图 2-1 所示。

（二）巡视终端

智能巡视系统的巡视终端由摄像机、机器人、无人机、在线监测装置等组成，通过标准协议接入巡视主机或边缘节点，实现设备的前端感知。

1. 摄像机

视频监控系统主要包括终端摄像机、交换机及网络硬盘录像机（network video recorder，NVR），通过合理的布点采集重要设备的位置标识、SF_6 压力、油温表、油位表、红外图谱等，可对图像进行实时观看、录入、回放、调出及储存等操作，替代人工

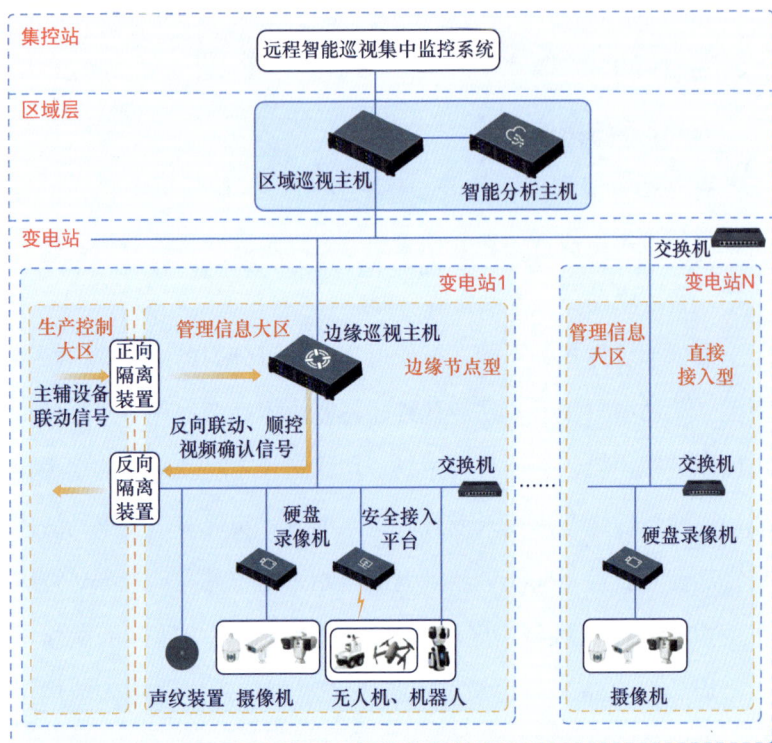

图 2-1　区域型远程智能巡视系统架构图

开展例行、熄灯及特殊巡视。摄像机根据可实现的功能不同可分为固定摄像机、球型摄像机、云台摄像机、微型摄像机、全景摄像机、红外双光摄像机等。视频监控系统结构图如图 2-2 所示。

固定摄像机（见图 2-3），又名筒机、枪机，安装后视角无法调整，价格较为低廉。主要用于不涉及角度调整的预置点位，特殊位置点位补充，常见监测点位如主变压器油温表计、油位表计、船舶自动识别系统（automatic identification system，AIS）设备避雷器表计、变电站大门等。

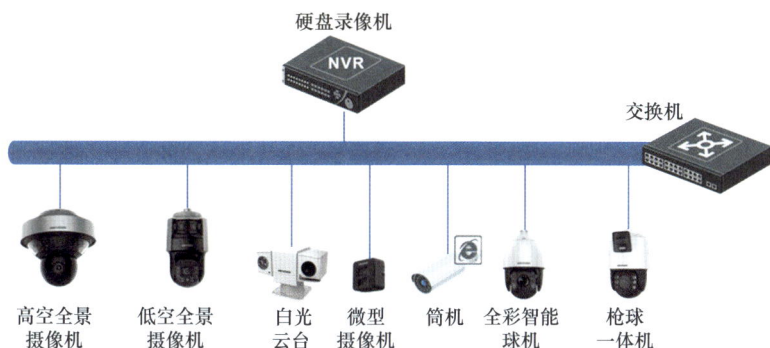

图 2-2　视频监控系统结构图

球型摄像机（见图 2-4），简称球机，能够在一定角度内上下、左右移动视角，视角朝上可调整角度一般较小，价格略高于枪机，主要用于允许安装高度高于监测点的场景。常见监测点位如设备室整体环境、主变压器整体外观、一次设备整体外观、气体绝缘开关设备（gas insulated switchgear，GIS）汇控柜面板、开关柜二次面板等。

图 2-3　固定摄像机

图 2-4　球型摄像机

云台摄像机（见图 2-5），简称云台，能够在一定角度内上下、左右移动视角，各角度调节范围均较大，价格较高，主要用于允许安装高度低于监测点的场景，宜采用云台摄像机。常见监测点位基本等同球机，如设备室整体环境、主变压器整体外观、一次设备整体外观、GIS汇控柜面板、开关柜二次面板等。

微型摄像机（见图2-6），又名卡片机，形状较小、价格低廉，常用于近距离、空间狭小区域监控。常见监测点位，如SF$_6$压力表计、避雷器表计、断路器位置指示、隔离开关位置指示等。

图 2-5 云台摄像机

图 2-6 微型摄像机

图 2-7 全景鹰眼摄像机

全景鹰眼摄像机（见图2-7），分辨率较高，能够通过程序或内置算法完成场景的全景拼接，价格高昂。常见布置于户外构支架或房屋顶端，对站内全景进行监控。

红外双光摄像机（见图2-8），在常规摄像机基础上集成红外摄像头，以上的几类摄像机均具有红外双光的版本，如红外双光卡片机、红外双光球机、红外双光枪机、红外双光鹰眼、红外双光云台等，价格较普通摄像机更为昂贵，可根据不同场景选择不同的摄像机用于易发热电气设备及部件监测。常见监测点位：AIS 设备引线及接头、隔离开关触头及导电臂、主变压器本体及套管、避雷器、电压互感器、电流互感器本体外观等。

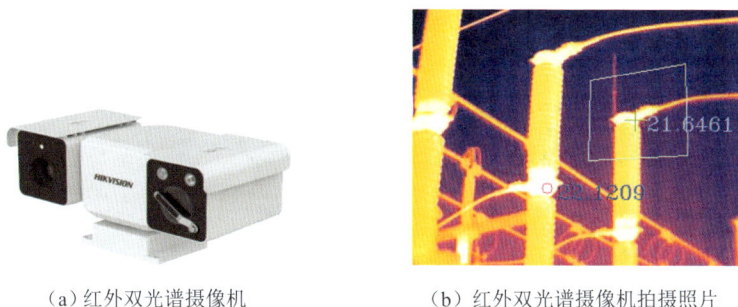

（a）红外双光谱摄像机　　　　　　　（b）红外双光谱摄像机拍摄照片

图 2-8　红外双光谱摄像机及拍摄照片

　　除以上常见的摄像机外，蓄电池室等防爆重点场所，应使用防爆摄像机；有小动物入侵隐患的静默监视区域，如主变压器低压侧套管等，考虑使用具备小动物秒级识别功能的智能摄像机；防恐怖袭击重点目标变电站的围墙及大门等处，可考虑使用具备安防警戒功能的摄像机。

2. 机器人

　　机器人系统主要由机器人本体、附属设施及控制系统组成。

　　机器人本体根据行动方式可分为履带式、挂轨式、轮式、仿生足式等，根据有无轨道可分为有轨和无轨两类。目前，变电站内使用的主要是无轨轮式机器人及挂轨式机器人两类。两类机器人都具备红外双光拍摄功能，能够完成巡视主机下发的巡视任务，对摄像机无法覆盖的点位进行图像采集，部分机器人同时配备声纹监测模块，能够接收站内声纹信号。机器人装置及附属设备如图 2-9 和图 2-10 所示。

（a）无轨机器人　　　　　　（b）挂轨式机器人

图 2-9　无轨机器人及挂轨式机器人

（a）充电房　　　　　　（b）微气象装置

图 2-10　充电房及微气象装置

　　机器人附属设备包含充电房、微气象系统、网络系统、安全无线接入等，辅助机器人完成环境信息采集、远程控制、数据传输等功能。

　　控制系统即机器人本地及远程监控平台，目前主要由智能巡视主机完成机器人的控制、实时监控、计划编排、远程遥控等功能。

3. 无人机

　　智能巡视无人机系统一般为固定式机巢无人机系统，以无人机为载体，搭载可见光、红外等任务传感器，采用无线电控制系统对变电站设备及附属设施进行巡视和检测的一种移动巡检装置（简称智巡无人机）。通过无人机自动机场可实现全自主巡检作业及数据智能化处理，能够近距离、常态化开展高空设备运行状况检查，借助于无人机独特的视角更直观、立体地判断高空设备状态。无人机巡视作业如图 2-11 所示。

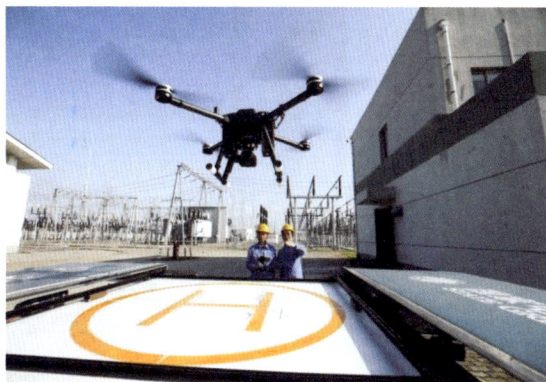

图 2-11　无人机巡视作业

4. 在线监测装置

在线监测装置包含 SF_6 在线监测、蓄电池在线监测、温湿度传感器、水浸传感器、油色谱在线监测、声纹监测装置、局部放电在线监测装置、大电流触头测温装置等，能够在线持续性地对相关设备的运行状态进行监测，并实现告警功能。

SF_6 在线监测装置（见图2-12），主要由压力、温度及湿度传感器、信号处理单元、诊断分析单元等组成。传感器采用高精度密度传感器，同时内部集成了温度探头。采用精密结构将传感器单元和数据分析处理单元集成，方便安装。通过无线/有线信号将 SF_6 气体温湿度、压力等信号上送到无线/有线信号采集装置汇集处理，再通过光缆至 SF_6 压力监测（IED）进行判断分析，再通过光缆将分析诊断后的结果上传至辅控、智能巡视系统。

图 2-12　SF_6 在线监测装置

蓄电池在线监测装置（见图2-13），监测、显示和记录电池组电压、充放电电流、各个单体电压、单体内阻，可配置温度、电池间连接电阻和列间连接电阻、电池总电压、蓄电池运行环境温度或表面温度，并能定期将参数值传送到上级系统集中展示。

图 2-13 蓄电池在线监测装置

温湿度传感器（见图2-14），以温湿度一体式的探头作为测温元件，将温度和湿度信号采集出来，经过电路处理后，转换成与温度和湿度成线性关系的电流信号或电压信号输出，能够实时监测设备室温湿度并上送上级系统。

水浸传感器（见图2-15），基于液体导电原理，用电极探测是否有水存在，再用传感器转换成干接点输出，能够实时监测电缆沟、集水井内水位并上送信号，可作为站内排水泵启动的智能联动元件。

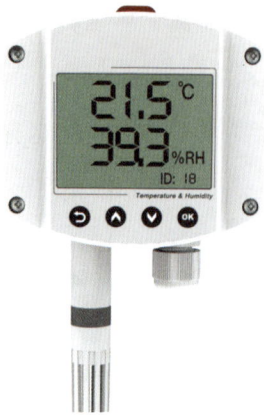

图 2-14　温湿度传感器

图 2-15　水浸传感器

　　油色谱在线监测装置（见图 2-16），采用循环方式，将主变压器油样通过进油管、油泵、回油管充分循环取样后进入油气分离单元，在真空脱气的作用下将特征气体与主变压器油样分离。被分离后的特征气体在载气和进样器（六通阀）的作用下进入色谱柱进行气体组分分离。气体分离单元中的色谱柱对不同气体具备不同的吸附和脱附作用，从而使故障特征气体被依次分离。气体传感器按出峰顺序对故障特征气体逐一检测，并将气体浓度值转换成电信号。现场主控单元对采样电信号进行转换处理，经分析软件计算出故障气体各组分及总烃的浓度含量，实现变压器故障的在线监测分析，通过呼叫接入控制系统（call admission control，CAC）或自动信息计算（automatic message counting，AMC）上送上级系统。

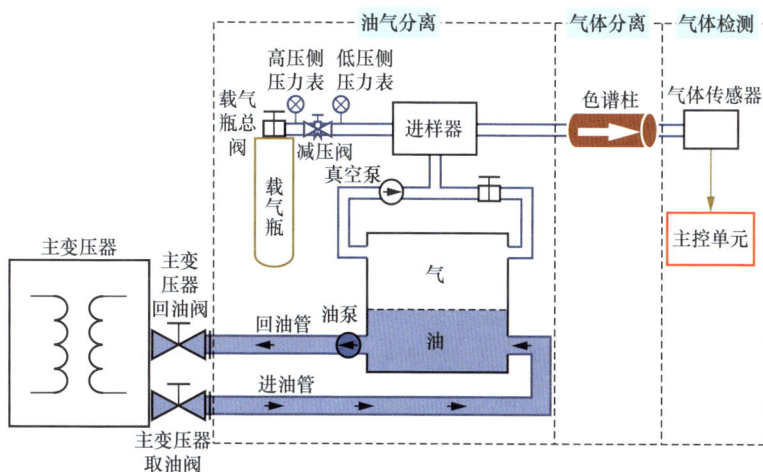

图 2-16　油色谱在线监测装置

　　声纹监测装置（见图 2-17），通过布置带有接触式或非接触式的声纹传感器，监测变电设备在运行过程中产生的振动信号，并依据信号的时域、频域等特征进行声纹分析，可以用于诊断设备的异常。

图 2-17　声纹监测装置

大电流触头测温装置（见图 2-18），通过在开关柜触头安装有源或无源测温装置，对触头温度进行监测，当触头温度超出设定阈值时，通过无线传感器上送上级系统集中展示，可对主变压器等开关柜内触头温度进行实时监控。

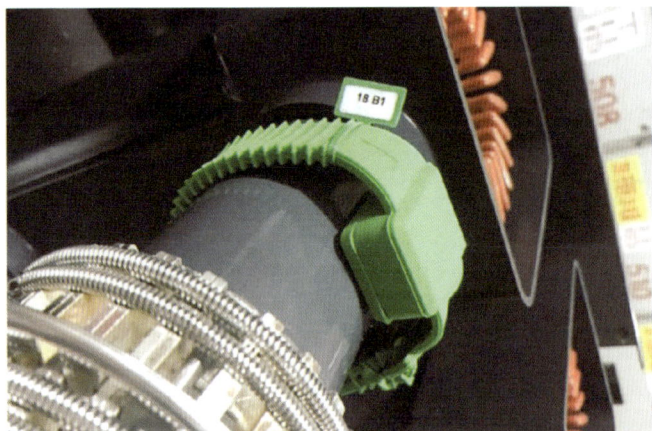

图 2-18　大电流触头测温装置

（三）典型缺陷

智能分析典型缺陷表见表 2-1。

表 2-1　智能分析典型缺陷表

序号	缺陷名称	缺陷描述
1	设备外部损坏	呼吸器油封破损
2		导线断股
3	设备变形	电容器本体鼓肚
4		膨胀器冲顶
5		绝缘子变形
6		均压环破损变形

续表

序号	缺陷名称	缺陷描述
7	凝露	汇控柜观察窗凝露
8	表计破损	表盘模糊
9		表盘破损
10		外壳破损
11	绝缘子破损	绝缘子破裂
12	渗漏油	地面油污
13		部件表面油污
14	呼吸器破损	硅胶筒破损
15	箱门闭合异常	箱门闭合异常
16	异物	挂空悬浮物
17	异物	鸟巢
18	盖板破损或缺失	盖板破损
19	未戴安全帽	未戴安全帽
20	未穿工装	未穿工装
21	吸烟	吸烟
22	表计读数异常	指针无法识别
23		指针不正确
24	油位状态	呼吸器油封油位异常
25	硅胶变色	硅胶潮解变色部分超过总量的 2/3
26		硅胶潮解全部变色或硅胶自上而下变色
27	压板状态	压板合
28		压板分
29	位置指示不正确	断路器分合闸位置指示不正确，与当时的实际本体运行状态明显不相符
30		闸刀的指示位置与实际位置相反或不一致

序号	缺陷名称	缺陷描述
31	倾斜	设备螺栓松动或其他原因导致倾斜
32		水平尺测量构架与地面明显倾斜,已造成导线紧绷
33	风化露筋	构架形成大面积连续的风化露筋,纵向裂纹、横向裂纹、缝隙宽度肉眼可见
34	变形	管母线伸缩节严重变形
35	渗油	设备有轻微渗油,未形成油滴
36		设备表面有渗油油迹,未形成油滴
37		非负压区渗油
38	断路器、组合电器 SF_6 表	低压力报警
39	油浸变压器(电抗器)绕组温度表	油温越上限
40	金属封闭母线伸缩节(有标尺)	伸缩量指示不正确
41	油浸变压器(电抗器)、串联补偿装置、集合式电力电容器、液压弹簧断路器、电压互感器、电流互感器、充油套管油位计	油位越上限
42		油位越下限
43		油位不可见
44	气体继电器	有气体
45	油浸变压器(电抗器)油温表	油温越上限
46	液压机构断路器油压表	压力越上限
47		压力越下限
48	变压器有载调压挡位	指针无法识别
49	偏位	分合指示偏移或文字、图示模糊,无法正确反应设备实际状态
50	模糊	分合闸指示模糊,但闸刀分合闸位置直观
51	脱落	分合闸指示标识脱落

二、典型场景

（一）基础数据管理

1. 点位配置管理

根据《国网设备部关于印发变电站智能巡视运行管理规定（试行）的通知》（设备监控〔2023〕48号）、《国网设备部关于印发〈变电站智能巡视系统技术要求〉等四项规范的通知》（设备监控〔2024〕57号）要求，将变电站巡视点位划分为Ⅰ、Ⅱ、Ⅲ类，其中要求Ⅰ类点位覆盖率应达到100%；Ⅱ、Ⅲ类点位覆盖率应达到本单位关键指标标准。

在变电站智能巡视系统中，对智能巡视覆盖点位配置相应的算法，实现现场缺陷图像识别、异常图像判别、静默监视和红外图谱分析等智能分析功能，缺陷类型包括地面油污、油位计读数异常、瓦斯油位异常、油封油位异常、硅胶桶破损、呼吸器硅胶变色、呼吸器油封破损、金属膨胀器冲顶破损、外绝缘破裂、表计读数异常、油流继电器—流动、油流继电器—停止、表面污秽、表盘模糊、表盘破损、箱门闭合异常、挂空悬浮物等。巡视点位展示和列表如图2-19和图2-20所示。

2. 巡视设备台账维护

智能巡视系统还能通过标准模型，对接入的前端设备进行台账管理，实现视频设备、机器人及各类在线监测装置的台账录入、查询维护及远程同步。巡视设备台账如图2-21所示。

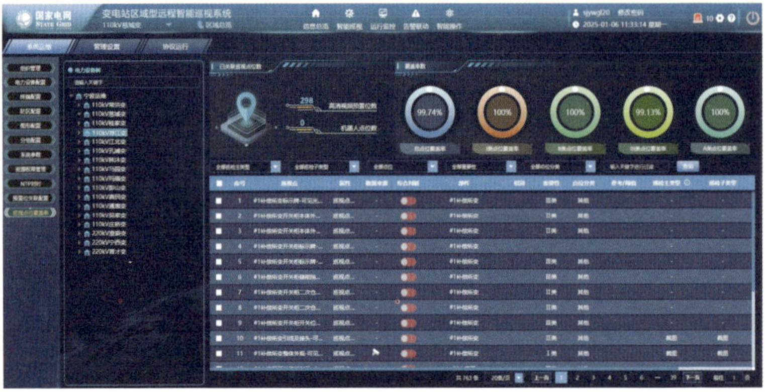

图 2-19　巡视点位展示

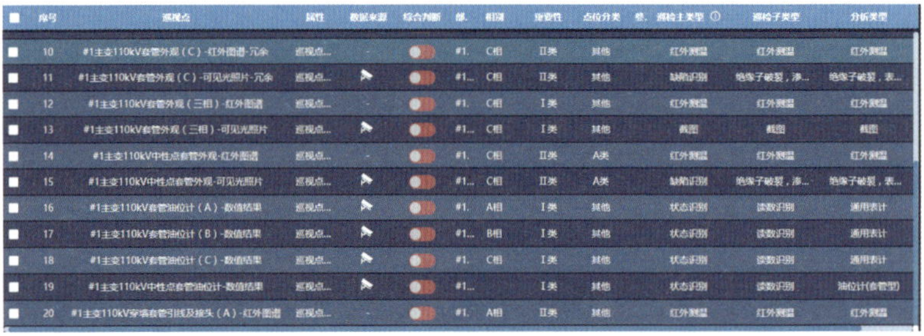

序号	巡视点	属性	数据来源	综合判断	部.	相别	重要性	点位分类	整.	巡检主类型	巡检子类型	分析类型
10	#1主变110kV套管外观（C）-红外图谱-冗余	巡视点...	-		#1.	C相	Ⅱ类	其他		红外测温	红外测温	红外测温
11	#1主变110kV套管外观（C）-可见光照片-冗余	巡视点...			#1...	C相	Ⅱ类	其他		缺陷识别	绝缘子破裂，渗...	绝缘子破裂，表...
12	#1主变110kV套管外观（三相）-红外图谱	巡视点...	-		#1.	C相	Ⅰ类	其他		红外测温	红外测温	红外测温
13	#1主变110kV套管外观（三相）-可见光照片	巡视点...			#1...	C相	Ⅰ类	其他		截图	截图	截图
14	#1主变110kV中性点套管外观-红外图谱	巡视点...	-		#1.	C相	Ⅱ类	A类		红外测温	红外测温	红外测温
15	#1主变110kV中性点套管外观-可见光照片	巡视点...			#1...	C相	Ⅱ类	A类		缺陷识别	绝缘子破裂，渗...	绝缘子破裂，表...
16	#1主变110kV套管油位计（A）-数值结果	巡视点...			#1.	A相	Ⅰ类	其他		状态识别	读数识别	通用表计
17	#1主变110kV套管油位计（B）-数值结果	巡视点...			#1...	B相	Ⅰ类	其他		状态识别	读数识别	通用表计
18	#1主变110kV套管油位计（C）-数值结果	巡视点...			#1.	C相	Ⅰ类	其他		状态识别	读数识别	通用表计
19	#1主变110kV中性点套管油位计-数值结果	巡视点...			#1...		Ⅰ类	其他		状态识别	读数识别	油位计(套管型)
20	#1主变110kV穿墙套管引线及接头（A）-红外图谱	巡视点...	-		#1.	A相	Ⅱ类	其他		红外测温	红外测温	红外测温

图 2-20　巡视点位列表

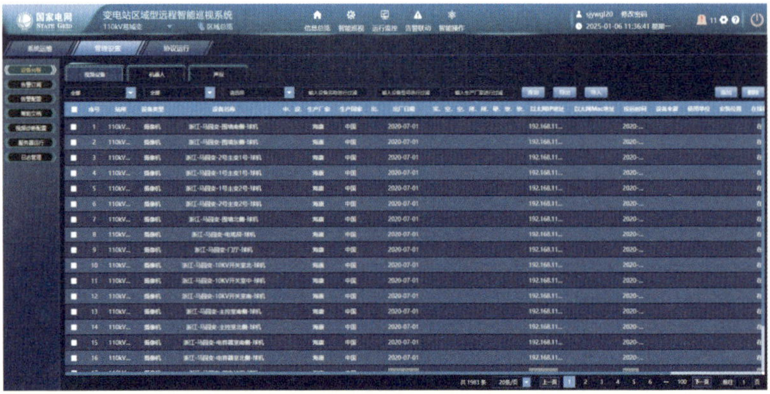

图 2-21　巡视设备台账

（二）任务编制

站端智能巡视系统支持制定和设置巡视任务，巡视任务内容包括巡视点位信息，以及月、周、日、小时等不同时间维度的巡视周期，巡视类型包括例行巡视、特殊巡视、专项巡视和自定义巡视等。巡视任务支持立即执行、定时执行、周期执行和间隔执行四种方式执行。一般，例行巡视采用周期执行方式，其余巡视可根据需求自行选择执行方式。巡视任务列表如图 2-22 所示。

图 2-22　巡视任务列表

（1）站端智能巡视系统具备巡视任务的展示、告警分析、查询和确认等功能，具体实现功能如下：

1）在月历展示每日计划执行的主要任务名称、完成情况及个数；日历展示当日任务的信息列表，包括任务名称、执行时间、任务状态等；不同任务状态应以不同颜色加以区分。应具备按时间段、任务名称、任务状态等组合条件并可追溯历史纪录，查询任务列表。任务日历展示如图 2-23 所示。

图 2-23　任务日历展示

2）告警确认页面包括变电站名称、设备名称、部件名称、间隔名称、实物 ID、缺陷类别、告警等级、缺陷或异常图像（已标注出具体缺陷或异常位置）和实时监控画面链接等信息。告警确认界面如图 2-24 所示。

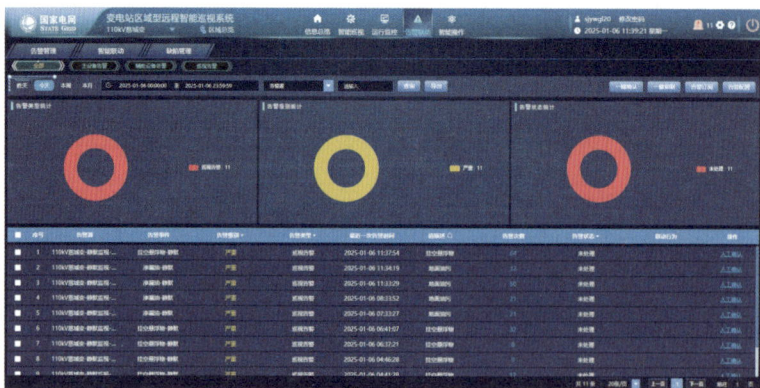

图 2-24　告警确认界面

3）按照区域、间隔、设备、部件和特定标签归类展示巡视结果，每个巡视点包含本次巡视任务的全部采集信息、阈值，优先展示具有"人工关注"标签的巡视点位，并有醒目标识。巡视结果列表如图 2-25 所示。

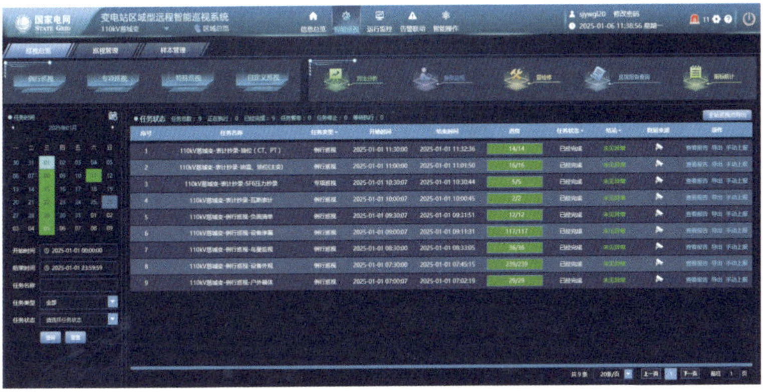

图 2-25　巡视结果列表

4）能人工核查、告警信息的实时监控画面链接快捷跳转、实现人工查看告警设备实时监控画面。人工审核界面如图 2-26 所示。

（2）站端智能巡视系统与上级系统的任务交互：

1）巡视主机将已配置好的巡视任务及巡视点位主动上报到上级系统，上报内容包括巡视任务、巡视点位及其关联关系。

2）巡视主机接收上级系统的定制巡视任务，该巡视任务包括定制的巡视点位，并将巡视结果、异常告警信息等上报上级系统。巡视任务列表如图 2-27 所示。

图 2-26　人工审核界面

图 2-27　巡视任务列表

（三）巡视替代

1. 例行巡视替代

例行巡视是指对站内设备及设施外观、异常声响、设备渗漏、监控系统、二次装置及辅助设施异常告警、消防安防系统完好性、变电站运行环境、缺陷和隐患跟踪检查等方面的常规性巡查。智能巡视系统主要通过高清视频及机器人协同算法平台完成设备外观、设备渗漏、运行环境及缺陷隐患跟踪，实现例行巡视的机器替代。任务列表如图 2-28 所示。任务详情如图 2-29 和图 2-30 所示。

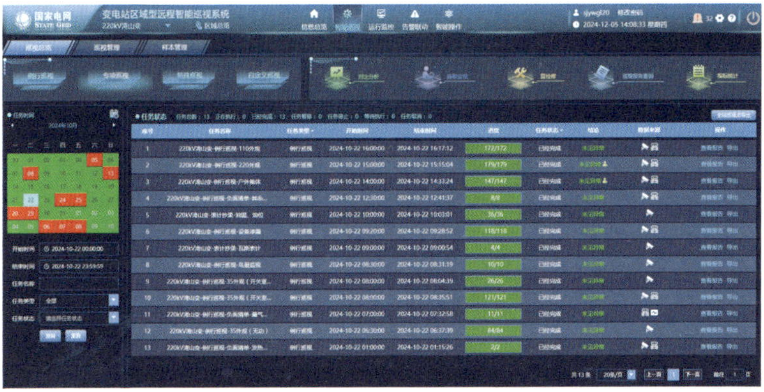

图 2-28 任务列表

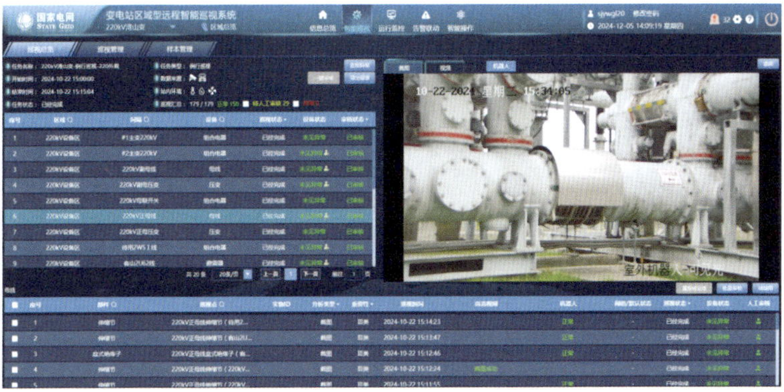

图 2-29 任务详情 1

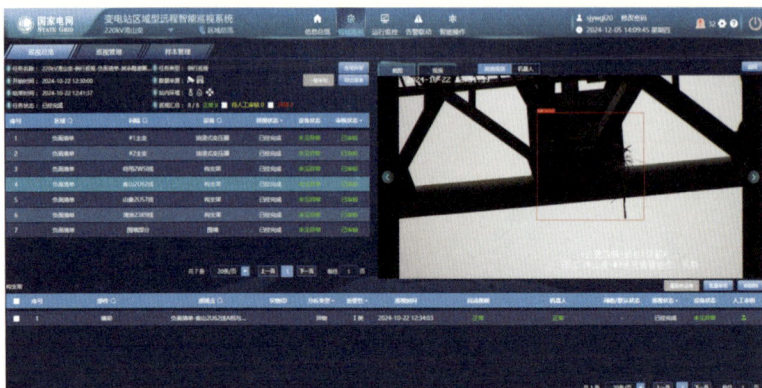

图 2-30　任务详情 2

2．特殊巡视替代

特殊巡视是指因设备运行环境、方式变化而开展的巡视。包括恶劣天气如大风后、雷雨后、雾霾中、冰雪及冰雹后，新设备投入运行后，设备经过检修、改造或长期停运后重新投入系统运行后，设备缺陷有发展时，设备发生过负载或负载剧增、超温、发热、系统冲击、跳闸等异常情况，法定节假日、上级通知有重要保供电任务时，电网供电可靠性下降或存在发生较大电网事故（事件）风险时段等。气体继电器巡检如图 2-31 所示，鸟巢隐患跟踪如图 2-32 所示，箱体锈蚀跟踪如图 2-33 所示。

3．专项巡视替代

专项巡视是指针对抄录、检查相关维护项目和红外热成像检测项目开展的巡视，包括油温油位表抄录、避雷器表计抄录、SF_6 压力表抄录、液压表抄录、位置状态识别抄录、设备红外测温等。智能巡视系统通过摄像机、机器人或在线检测装置，完成

SF_6 表计、温湿度、红外图片的抄录。专项巡视详情界面展示如图 2-34 ～图 2-37 所示。

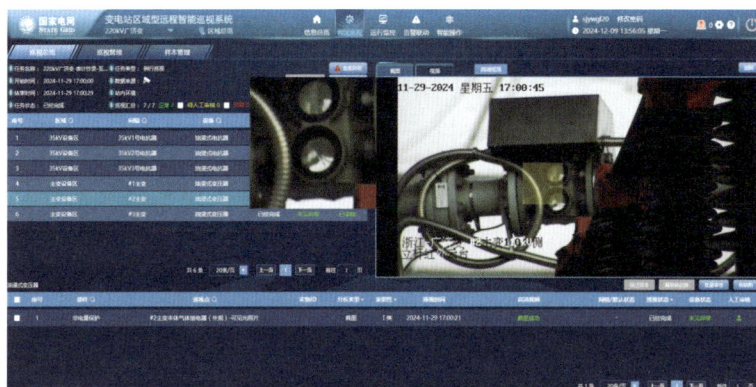

图 2-31　气体继电器巡检

图 2-32　鸟巢隐患跟踪

图 2-33　箱体锈蚀跟踪

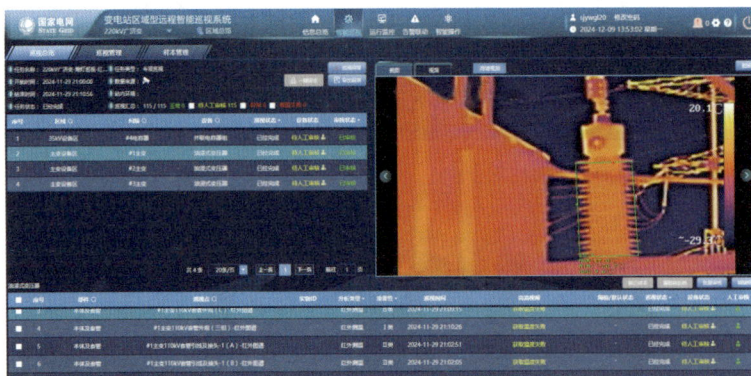

图 2-34　熄灯专项巡视详情

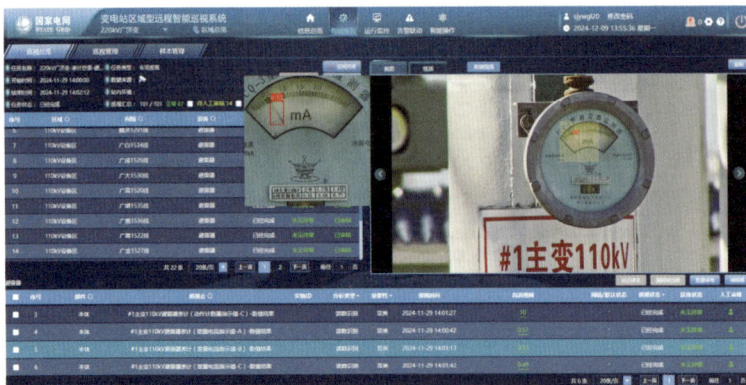

图 2-35　避雷器抄录专项巡视详情

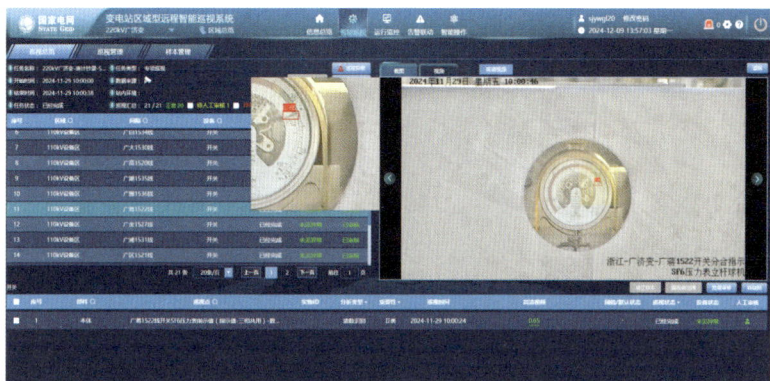

图 2-36 SF$_6$表计抄录专项巡视详情

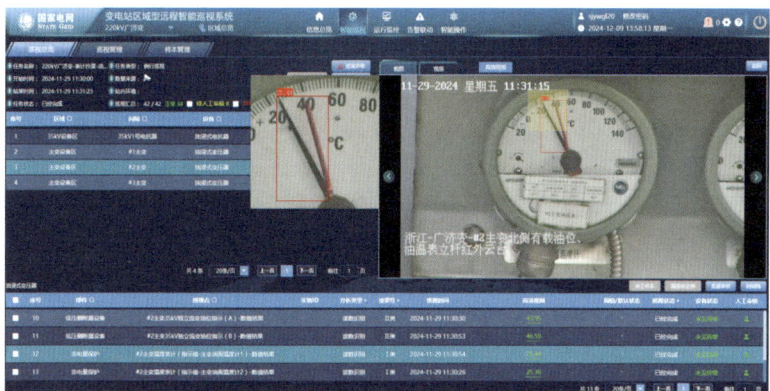

图 2-37 油温油位抄录专项巡视详情

（四）静默监视

静默监视是指智能巡视系统定期对摄像机守望位截图进行分析，根据预设的算法进行算法分析，从而达到不间断监视的功能，通常可用于飘移物、箱门闭合异常、小动物监控、人员违章检查等场景。静默监视图片分析展示如图2-38～图2-40所示。

图 2-38　不戴安全帽

图 2-39　飘移物监测

图 2-40　箱门闭合异常

国网浙江电力
变电站智能巡视
一本通

第三章 | 远程智能巡视集中监控系统

一、系统概述

远程智能巡视集中监控系统部署在集控系统四区，管控所辖变电站智能巡视系统，实现巡视管理、智能联动、智能巡视分析等功能。同时，与省侧变电站智能巡视算法管理应用交互，实现巡视样本上送和算法管理功能；与电网资源业务中台交互，实现巡视业务数据同步功能。系统建设信息总览、查询统计、智能巡视、智能联动、设备运维、视频监控等功能模块，各模块主要功能如下：

（1）信息总览：支持对辖区内变电站监测数据、巡视信息、视频设备、缺陷等信息的汇总及关联查询。

（2）查询统计：支持对辖区内变电站监测数据、巡视信息、视频设备、缺陷等信息的多维度查询、统计及分析等功能。

（3）智能巡视：支持对站端巡视系统的统一管理，包括远程监控、任务管理及视频监视等功能。

（4）智能联动：接收主辅设备告警信息，并根据配置实现如视频实时预览、声光报警等方式的联动。

（5）设备运维：支持对设备台账查询，设备维护信息管理和机器人调配信息管理功能。

（6）视频监控：对站端视频及机器人实现统一管理，可调阅视频实时画面，实现云台、摄像机、机器人控制。

远程智能巡视集中监控系统架构图如图 3-1 所示。

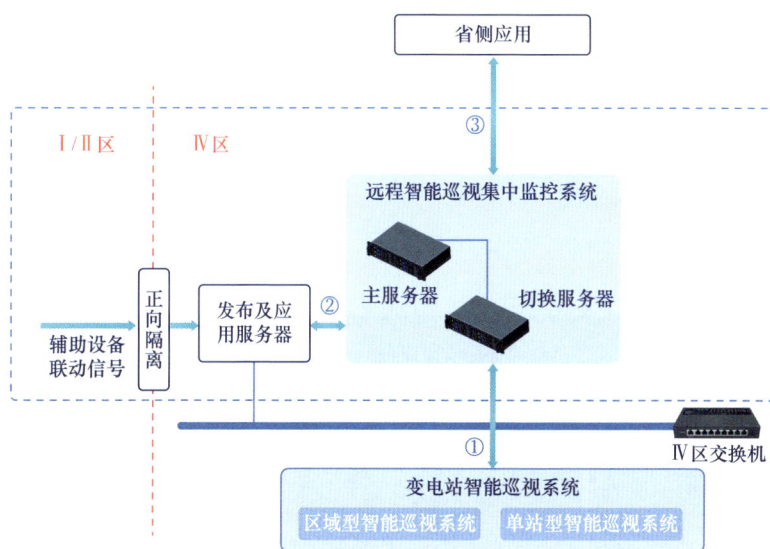

图 3-1　远程智能巡视集中监控系统架构图

二、典型场景

（一）全景信息展示

1. 信息总览

信息总览界面对集控站管辖的变电站的巡视任务执行情况、感知终端运行情况、告警数据、缺陷数据等信息进行集中模块化展示。巡视任务展示不同时间范围内的多类型巡视任务执行情况；感知终端展示各类感知终端运行情况（摄像机、机器人、无人机）。实时告警展示 220kV、110kV、35kV 变电站所处的位置信息，以及各变电站实时告警信息。告警统计及缺陷统计展示不同时间范围内的巡视告警数量及不同缺陷等级的缺陷数量。

2. 信息统计

（1）巡视任务统计。针对所选的管辖范围列表，按巡视类型、巡视任务状态、变电站等维度对指定时间范围内巡视任务进行数据统计展示。其中，任务类型包括例行巡视、熄灯巡视、特殊巡视、专项巡视、自定义巡视；任务状态包括已完成、执行中、暂停、终止、超期。巡视任务统计界面如图 3-2 所示。

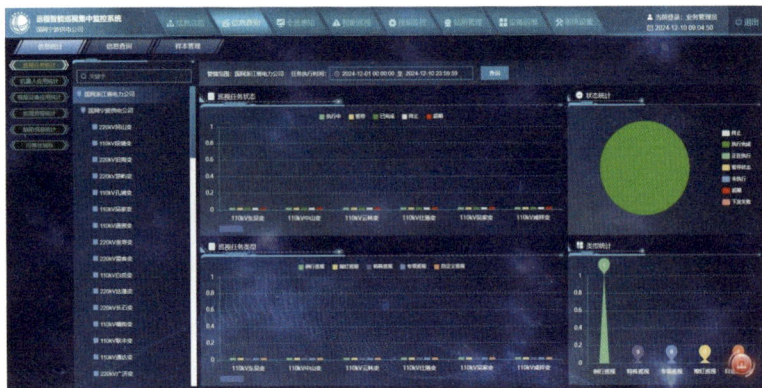

图 3-2　巡视任务统计界面

（2）巡视告警统计。针对所选的管辖范围列表，按告警等级、确认状态、设备类型及告警类型等维度统计告警信息数量并进行展示。其中，告警等级按照一般、严重、危急等进行统计，确认状态按照未处理、已确认、误报、转缺陷进行统计，设备类型按照油浸式变压器（电抗器）、干式电抗器、串联补偿装置、母线及绝缘子、穿墙套管、消弧线圈等类型进行统计，告警类型按照超温报警、变位报警、温升报警等类型进行统计。巡视告警统计界面如图 3-3 所示。

图 3-3 巡视告警统计界面

（3）缺陷信息统计。针对所选的管辖范围列表，统计变电站一般、严重、危急类型的缺陷数量，告警转缺陷数量，统计油浸式变压器（电抗器）、干式电抗器、串联补偿装置等设备缺陷数量。缺陷统计界面如图 3-4 所示。

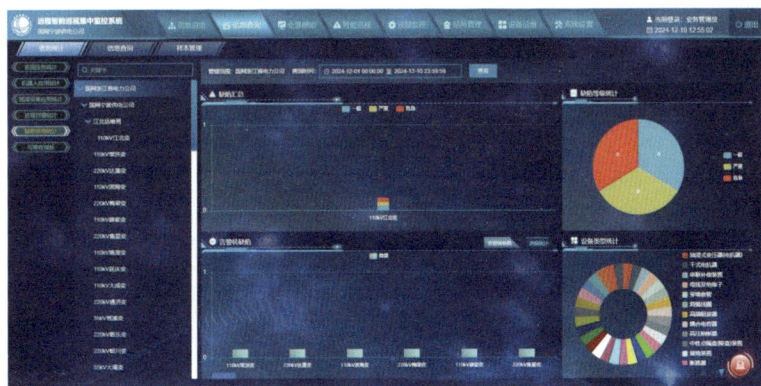

图 3-4 缺陷统计界面

（二）跨站批量巡检

1. 任务编制

当遇到台风天等恶劣天气影响，运维班组需对辖区内多个变电站下发巡视任务时，可进行智能巡视的跨站联合巡检方案编制，通过编辑组织名称、方案名称、巡视类型、任务状态、执行周期类型、具体巡视内容来配置联合巡检方案，方案名称可通过添加"联合任务"等字样来与普通任务进行区分，跨站巡检方案配置如图 3-5 所示。

图 3-5　跨站巡检方案配置

2. 点位配置

巡视内容可通过下拉框选择本次任务执行范围的辖区变电站列表，针对某一变电站，可选择站内多种类型、重要程度的点位进入右侧的点位列表，跨站巡检点位配置如图 3-6 所示。

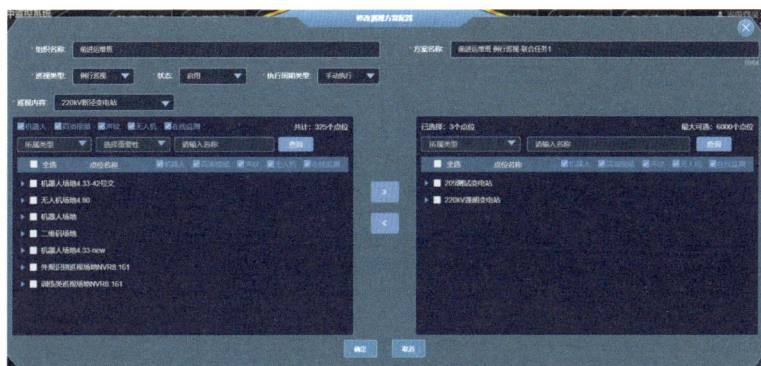

图 3-6　跨站巡检点位配置

3. 结果查看

巡视任务执行完成后，执行结果可通过任务详情界面进行查看，具体可看到该联合任务所选的每个变电站下各点位的执行情况和执行结果，以及异常状态下的巡视截图信息，巡检结果查看如图 3-7 所示。

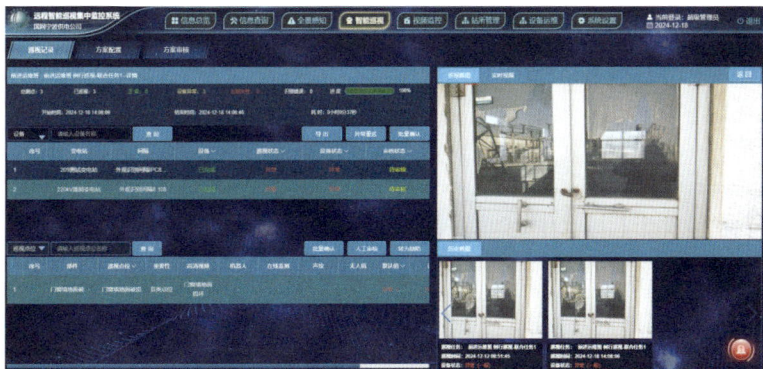

图 3-7　巡检结果查看

（三）巡视任务管理

1. 记录管理

根据选择的组织单位不同，可查看不同地域范围的巡视任务记录。根据所选的变电站，展示该变电站下巡视任务的任务类型、任务状态、是否告警、确认状态、任务名称等信息，并展示巡视进度和巡视结果（总点位数量、正常数量、异常数量）。通过巡视记录管理功能，可进行详情查看，报告导出，记录删除。巡视记录列表查看如图 3-8 所示。

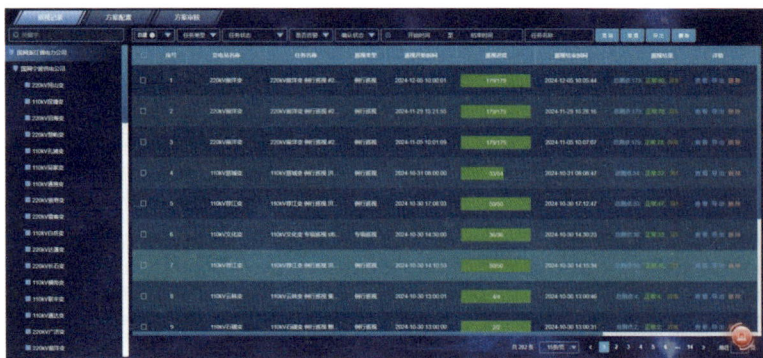

图 3-8　巡视记录列表查看

2. 方案配置

巡视任务编制完成后，可通过方案配置的启用、停用、立即执行等功能对巡视任务的状态进行控制，启动状态的任务，停用后任务状态修改为停用；停用状态的任务，执行启用操作后则修改为启用状态，启用后，该任务则按照既定的巡视策略进行执行。当某一任务需要立即开始执行时，通过"立即执行"操作，则可直接启动该任务。方案配置如图 3-9 所示。

图 3-9 方案配置

3. 结果审核

巡视任务执行完成后，通过查看详情功能，可跳转到巡视任务详情界面，查看该任务总测点位数量、已巡视数量、正常数量、设备异常数量等信息。巡视点位下列表展示了各巡视点位的巡视结果及巡视截图，同时可对结果进行人工审核。巡视任务详情查看界面如图 3-10 所示。

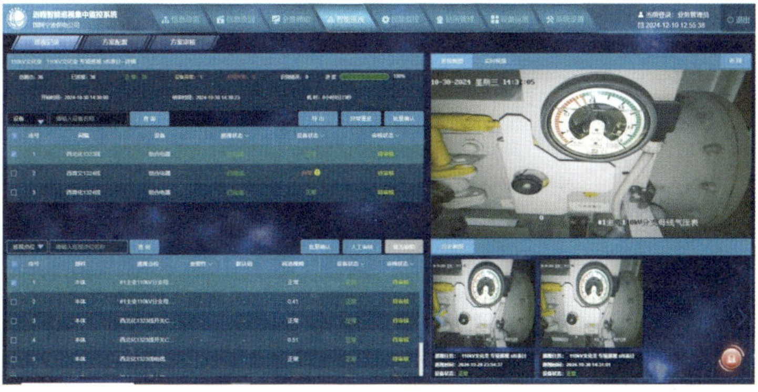

图 3-10 巡视任务详情查看界面

（四）视频监控

1. 视频播放

通过选择防区与设备树，可选择视频设备进行视频播放，支持对云台、球机的远程控制功能，控制云台、球机上下左右转动，进行转动速度设置、预置位设置。防区视频播放如图 3-11 所示。

图 3-11　防区视频播放

2. 录像回放

可选择需要进行录像回放的摄像机，查询录像的日期和时间段，对录像文件进行播放。摄像机录像回放如图 3-12 所示。

图 3-12　摄像机录像回放

3. 异常联动

系统接收集控站监控系统的告警信息及站端智能巡视主机推送的告警信息，接收到告警信息后可进行相应联动，如视频弹窗、声光报警等。主设备及辅助设备告警信息中包括告警源、告警事件、告警级别、告警类型、告警时间、告警次数、告警来源、告警状态等，可通过点击联动报告查看联动录像。告警联动视频弹窗如图 3-13 所示，告警信息查询如图 3-14 所示。

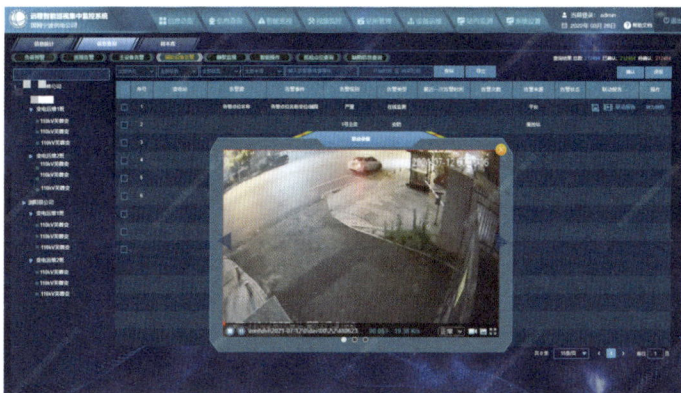

图 3-13　告警联动视频弹窗

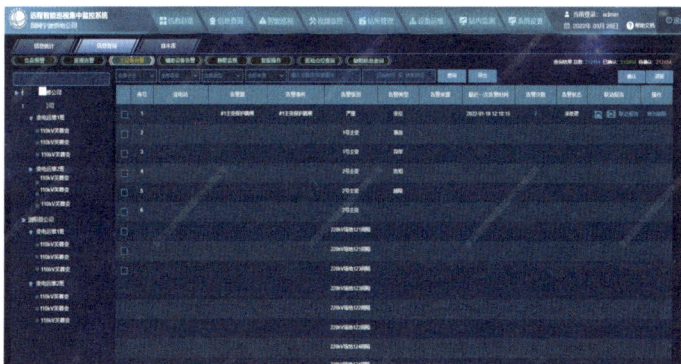

图 3-14　告警信息查询

第四章 | 变电站人机协同巡视应用

一、应 用 概 述

在管理信息大区部署 PMS3.0 变电站人机协同巡视应用，实现省侧对巡视点位、巡视周期、巡视计划的统一管控，对巡视结果的查询、查看、转缺陷等操作。变电站人机协同巡视应用与远程智能巡视集中监控系统打通，实现智能巡视任务下发至变电站智能巡视系统执行；调用电网资源业务中台服务，实现人巡任务下发至移动端巡视应用执行，最终将智能巡视结果和人巡结果在省侧应用汇总处理。变电站人机协同巡视应用包含点位库维护、变电巡视周期管理、变电巡视计划管理、变电巡视记录管理、变电巡视管理总览等模块功能。变电站人机协同巡视应用架构图如图 4-1 所示。

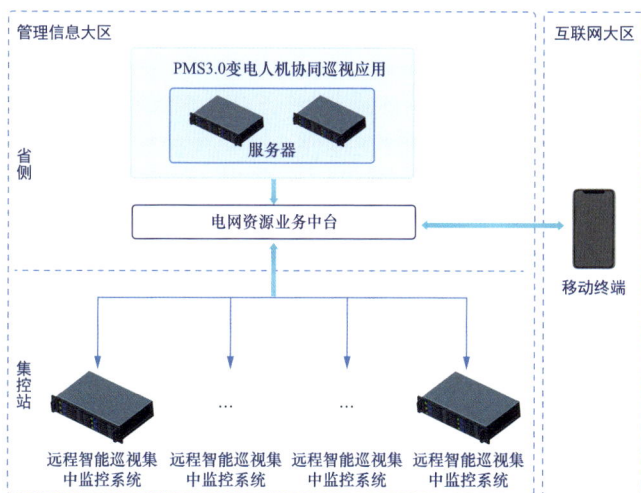

图 4-1　变电站人机协同巡视应用架构图

二、典　型　场　景

（一）标准点位管理

巡视点位是集变电站内设备、巡视内容、终端感知、识别算法于一体的信息集合，是智能巡视的基础，巡视点位的完善与否，直接影响站内智能巡视应用成效。因此，对巡视点位进行标准化管理，成为巡视工作中不可缺少的重要环节。国网浙江电力于 2023 年发布《国网浙江省电力有限公司变电站智能巡视系统安装调试及验收工作细则》，明确了包括油浸式变压器、组合电器、电压互感器等典型设备的巡视点位配置标准。变电站人机协同巡视应用基于典型设备巡视点位配置标准，实现点位标准规则库的维护与应用，根据细则梳理标准库内容及应用规则，达成巡视点位的标准化管理目标。

1. 标准规则库维护

标准库维护基于典型设备巡视点位配置标准，实现点位标准规则库的维护功能，规则库内容包括电压等级、设备类型、点位名称、巡视内容、点位类型等信息。标准库维护界面如图 4-2 所示。

2. 标准点位应用

当某变电站进行智能巡视覆盖建设时，变电站人机协同巡视应用生成该变电站的标准点位表，并同步至远程智能巡视集中监控系统进行人工审核修订，再通过变电站智能巡视系统进行巡视点位配置，最终将该站符合生产环境的巡视点位同步至省侧应用。巡视点位管理界面如图 4-3 所示。

图 4-2　标准库维护界面

图 4-3　巡视点位管理界面

（二）人机协同巡视作业

随着变电站智能巡视建设工作的开展，变电站设备常规巡视工作已实现机器替代，但对于机构箱、开关柜等箱体类设备的内部工况，仍需人工巡视确认设备状态，以保障变电站设备稳定运行，实现变电站巡视作业的全面覆盖。

变电站人机协同巡视应用融合了人工巡视与智能巡视，运维人员在维护变电站巡视周期时，支持配置包含人巡点位与智能巡视点位的巡视范围，变电站人机协同巡视应用根据点位巡视方式分解人巡任务与智能巡视任务，智能巡视任务通过远程智能巡视集中监控系统下发至站端执行；人巡任务通过中台服务派发至移动端巡视应用执行，最终将巡视结果同步至变电站人机协同巡视应用。

1. 巡视周期配置

在巡视周期管理中配置巡视周期，配置内容包括巡视类型、巡视范围、巡视方式、执行周期等信息，巡视周期配置界面如图 4-4 所示。

图 4-4　巡视周期配置界面

2. 巡视计划管理

当启用配置好的巡视周期时，会自动生成巡视计划，并进行巡视任务的派发，可查看巡视进度。支持新增特巡计划，配置巡视内容。巡视计划管理界面如图 4-5 所示。

图 4-5　巡视计划管理界面

3. 巡视记录汇总

人机协同巡视任务执行完成后，运维人员可在巡视记录中同时查看人巡和智能巡视的结果，并导出巡视报告。运维人员可对巡视发现的设备缺陷进行转缺陷处理。对于表计抄录类的智能巡视结果，支持将结果数据推送至 PMS3.0 巡视记录维护应用中。巡视结果展示界面如图 4-6 所示，巡视结果审核界面如图 4-7 所示。

图 4-6 巡视结果展示界面

图 4-7 巡视结果审核界面

（三）人机协同巡视总览

聚焦人机协同作业管控节点，通过汇聚巡视点位、巡视计
划、巡视结果等核心业务信息，实现人机协同巡视信息总览，辅

助运维人员对智能巡视点位覆盖率、人机协同作业执行率、算法识别准确率等全面管控，从而快速提升基层巡视作业质效。

在变电站人机协同巡视应用中，管理部门及运维人员可在总览页面查看智能巡视接入情况，智能巡视点位覆盖情况及巡视方式分布、巡视计划执行情况、算法识别情况、缺陷分布情况等各类统计数据。

（1）智能巡视接入统计：统计展示全省各地市智能巡视系统接入数量及占比。

（2）智能巡视点位覆盖统计：统计全省及各地市智能巡视点位的覆盖情况。

（3）智能巡视点位巡视方式分布：统计全省智能巡视点位摄像机、机器人、在线监测等巡视方式的点位数量。

（4）巡视计划总览：按照已完成、待执行、逾期、取消等巡视计划状态展示巡视计划的执行情况。

（5）算法识别错误率：按照缺陷识别、状态识别、红外测温等不同算法类型，统计实际应用中算法识别的错误率。

（6）缺陷总览：按照缺陷设备类型展示缺陷的分布情况。

第五章 | 变电站智能巡视算法管理应用

一、应 用 概 述

变电站智能巡视图像识别算法是一种专门应用于变电站运维检修巡视作业中的图像识别技术。该技术结合了计算机视觉、人工智能和深度学习等领域技术，通过分析和理解变电站设备的图像数据，实现对设备状态的实时监测、缺陷检测及异常预警。使用高清摄像头、机器人等巡视设备采集变电站内设备的可见光图像、红外热图像等，并对采集到的图像进行去噪、增强、校正等预处理操作，以提高图像质量。利用深度学习模型自动提取图像中的关键特征，识别出设备的类型或缺陷类型。

变电站智能巡视算法管理应用将人工智能技术与智能巡视业务深度融合，实现对巡视图像和算法模型的集中管控，提升变电设备缺陷识别算法的准确率，降低漏检率、误检率，以保障变电站安全可靠地运行。应用包含巡视站点管理、巡视样本管理、巡视模型管理、智能巡视知识竞赛等功能模块。

二、典 型 场 景

（一）智能巡视样本管理

变电站智能巡视算法管理应用收集巡视图像后，在应用侧进行图像审核、图像标注、图像入库等操作，通过人工标注修正部分智能巡视算法识别错误的图像，保证样本质量。入库的样本推送至人工智能平台，可用于算法的优化迭代，同时，为开展变电智能巡视种子模型能力提升"揭榜挂帅"等活动提供验证样本集。

1. 智能巡视图像收集

高清摄像头、机器人等巡视装置会按照巡检任务配置的点位依次对站内设备、环境进行巡检。同时，将巡视采集的图片传输至分析主机进行人工智能算法分析，并将算法识别后的图像上送至智能巡视算法管理应用，智能巡视算法管理应用在原始样本库统一管理巡视图片。原始图像如图 5-1 所示。

图 5-1 原始图像

2. 智能巡视图像标注

业务员在标注平台对收集的巡视图像进行审核，可将存在曝光、失真、颜色异常、像素较差等图像移动至废弃样本库。对算法识别错误的图像进行人工标注，重新框选图像的缺陷部位，添加缺陷标签。也可查看图像历史的标注框和标注信息。图像标注如图 5-2 所示。

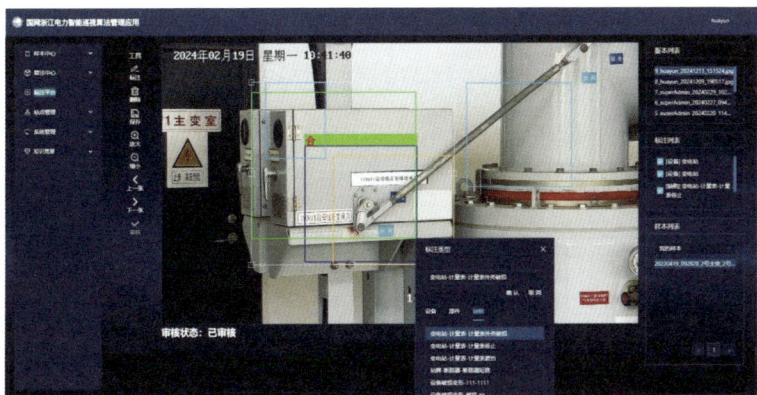

图 5-2　图像标注

3. 智能巡视图像入库

样本审核后，审核状态由未审核变为已审核，同时审核通过的样本会在公共样本中展示，支持与人工智能平台交互公共样本数据，用于图像识别算法的训练、验证样本集。公共样本如图 5-3 所示。

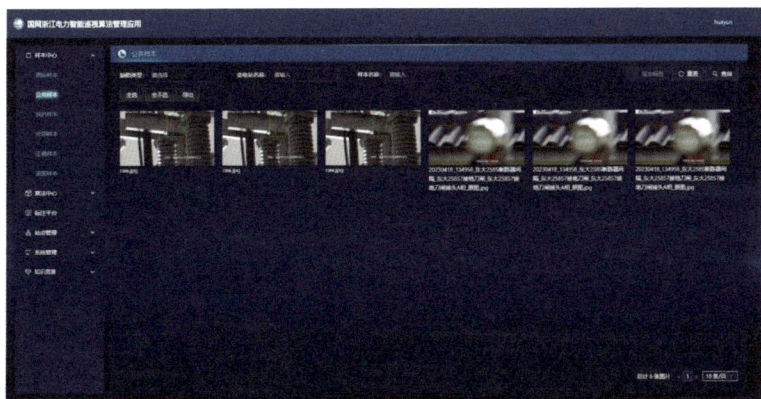

图 5-3　公共样本

（二）智能巡视模型管理

智能巡视模型管理可实时展示变电站当前运行算法版本、算法厂商信息，点对点对变电站当前运行的算法版本进行管控，便于算法版本回溯。管理员可选择性能优异的算法替换站端原有算法程序，完成算法远程更新，并能查看站端算法模型更新结果，提升变电站算法运行管理效率，同时也减少了人工运维成本。

1. 智能巡视模型入库

算法管理模块展示已入库的全部算法，支持管理员【新增】算法，维护算法名称、算法版本、算法厂商、算法启动命令等信息，即可完成算法入库。双击算法可查看算法的基本信息和已下发的站点信息。模型入库和算法详情如图 5-4 和图 5-5 所示。

图 5-4　模型入库

图 5-5　算法详情

2．智能巡视模型发布

管理员可对已入库的算法执行上架操作，上架后的模型会展示在算法商城中，在算法商城中选择合适的算法下发到站端，在站点列表选择要下发的站点，即可将算法发布至指定站点。算法发布如图 5-6 所示。

图 5-6　算法发布

（三）知识竞赛

通过算法竞技的形式，发掘培育算法研发和实用化综合能力强的单位，突破变电智能巡视图像算法实用化瓶颈。由人工智能领域专家制定评估算法模型准确性的综合评价指标，指标包含准确率、误检率、平均精度（average precision，AP）值、平均计算时间等。为各验证队伍分配具备算力的服务器，验证队伍完成环境、调试与压力测试，以变电设备巡视图片作为样本集，现场完成样本验证，最终产生各参与单位的算法验证评分和排名。

1. 信息维护

赛前需在系统中维护参赛单位、验证样本集、样本标签、指标权重等信息，并创建比赛。比赛管理如图 5-7 所示。

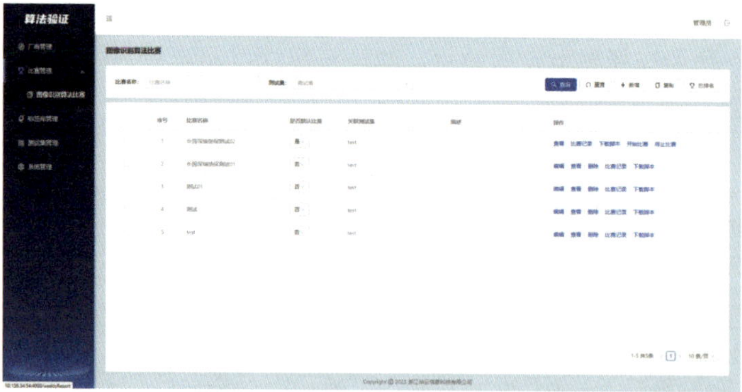

图 5-7　比赛管理

2. 验证评分

比赛开始，各参赛单位统一进行现场跑分验证，参赛人员可实时看到比赛状态、得分情况、评分排名等信息。竞赛过程展示界面如图 5-8 所示。

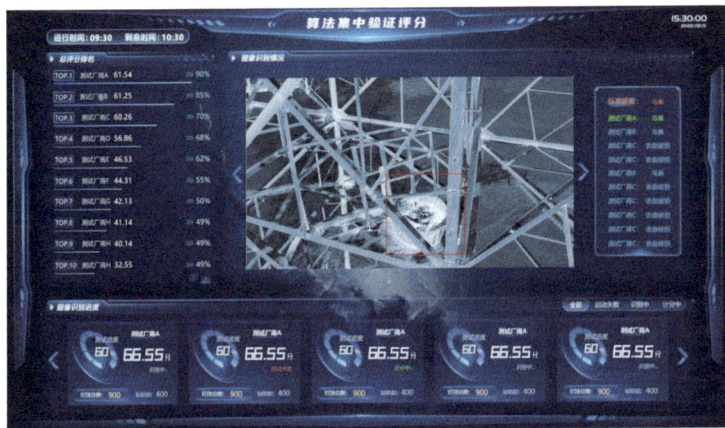

图 5-8　竞赛过程展示界面

3.　大屏展示

比赛结束时间到，系统跳转至大屏展示界面，默认展示排名前十的厂家名称及总得分。系统还能单独导出每个参赛厂家的比赛结果，导出信息包含厂商名称、检出率、误检率、AP 值、总用时、总得分等。总评分排名如图 5-9 所示。

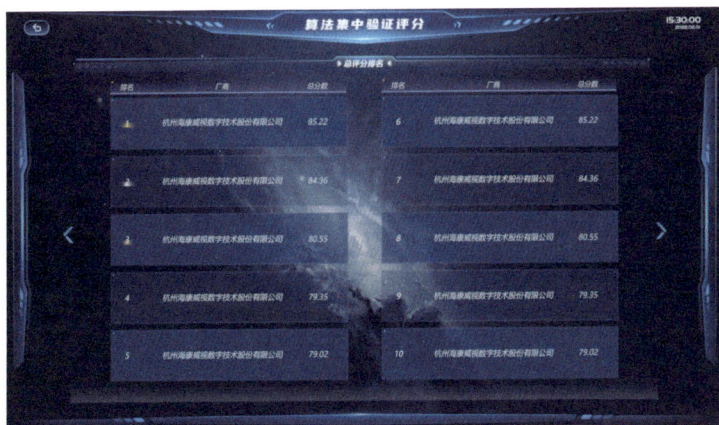

图 5-9　总评分排名